ISBN 978-3-662-22832-6 ISBN 978-3-662-24765-5 (eBook)
DOI 10.1007/978-3-662-24765-5

Die in den Sitzungsberichten Abt. I und Abt. II der math.-nat. Klasse der Österr. Akad. d. Wiss. erscheinenden Abhandlungen werden auch einzeln abgegeben. Sie können durch jede Buchhandlung oder direkt durch die Auslieferungsstelle der Österreichischen Akademie der Wissenschaften (Wien I, Singerstraße 12) bezogen werden.

Nachfolgende Abhandlungen aus dem Fach **Physik** sind erschienen:

1950 (1950) (S II a, Bd. 159):

Blau Marietta: Bericht über die Entdeckung der durch kosmische Strahlung erzeugten „Sterne" in photographischen Emulsionen, 4 Seiten. S 4.—

Danninger R. und Sirk H.: Theorie des in einer magnetisch abgelenkten Glimmentladung auftretenden Druckgefälles, 4 Seiten. S 3.40

Feuchtinger K.: Ableitung des zweiten Hauptsatzes für reversible Prozesse (mit 2 Abbildungen). S 3.40

Glaser W.: Zur wellenmechanischen Theorie der elektronenoptischen Abbildung (mit 2 Abbildungen), 63 Seiten. S 58.—

Haupt H.: Über Phasenkoeffizienten und Albedo der kleinen Planeten Ceres, Pallas, Juno und Vesta, 20 Seiten. S 21.60

Hess V. F: Persönliche Erinnerungen aus dem ersten Jahrzehnt des Instituts für Radiumforschung, 3 Seiten. S 4.—

Hevesy G. v.: Erinnerungen an die alten Tage am Wiener Institut für Radiumforschung, 2 Seiten. S 4.—

Meyer St.: Die Vorgeschichte der Gründung und das erste Jahrzehnt des Institutes für Radiumforschung, 26 Seiten. S 4.—

Paneth F. A.: Aus der Frühzeit des Wiener Radiuminstituts. Di Darstellung des Wismutwasserstoffs, 3 Seiten. S 4.—

Przibram K.: 1920 bis 1938, 7 Seiten. S 4.—

Rieder W.: Der Szilard-Chalmers-Effekt mit langsamen und schnellen Neutronen mit 5 Abbildungen), MIR Nr. 462, 14 Seiten. S 13.—

Wieninger L. und Adler N.: Über die Verfärbung von nat. Steinsalzkristallen durch Bestrahlung mit α-Teilchen von Ra*F* (mit 7 Abbildungen), MIR Nr. 472, 12 Seiten. S 13.80

Wieninger L.: Über die Bestrahlung natürlicher, gefärbter Steinsalzkristalle mit α-Teilchen von Ra*F* (mit 7 Abbildungen), MIR Nr. 466, 15 Seiten. S 15.—

Wieninger L. und Adler N.: Über den Einfluß der Erwärmung auf das Absorptionsspektrum des mit Ra*F*-x-Strahlen verfärbten Steinsalzes (mit 7 Abbildungen), MIR Nr. 467, 11 Seiten. S 9.60

Wieninger L.: Über die Verfärbung von gepreßten Steinsalzkristallen durch Bestrahlung mit α-Teilchen von Ra*F* (mit 5 Abbildungen), 12 Seiten. S 9.60

1951 (S II a, Bd. 160):

Bernert Traude: Radiumbestimmungen an Tiefseesedimenten (mit 3 Abbildungen), MIR Nr. 483, 12 Seiten. S 6.30

Böhm W.: Kolloide und Farbzentren in additiv verfärbtem Steinsalz (mit 5 Abbildungen), 18 Seiten. S 8.—

Brukl A., Hernegger F. und Hilbert Hermine: Zur Kenntnis neuer in der Natur vorkommender α-Strahler (mit 9 Abbildungen), MIR Nr. 482, 17 Seiten. S 5.50

Mayerl Margarete: Bestimmungen der optischen Konstanten des Calciums und Anwendung der Mieschen Theorie auf die Verfärbung des Flußspates (mit 5 Abbildungen), 7 Seiten. S 3.50

Wieninger L.: Ein Beitrag zur Klärung der Frage nach Wesen und Ursprung der Violett- bzw. Blaufärbung natürlicher Steinsalzkristalle (mit 13 Abbildungen) MIR Nr. 474, 33 Seiten. S 10.50

1952 (S II a, Bd. 161):

Begemann F. und Houtermans F. G.: Herstellung einer Radium-D-E-F-Standard-Lösung, MIR Nr. 492, 4 Seiten. S 3.40

Brandstaetter F.: Bemerkungen über H. Maches Methode zur Bestimmung des Diffusionskoeffizienten von Luft in Wasser (mit 4 Abbildungen), 23 Seiten. S 13.—

Hawliczek F.: Eine stabilisierte Kaskadenhochspannung für den Betrieb von Geiger-Müller-Zählrohren (mit 10 Abbildungen) MIR Nr. 485, 8 Seiten. S 9.—

Verfolgung der Strahlungsbeeinflussung durch Mikrohärtemessungen

(gekürzte Fassung der Dissertationsarbeit an der Universität Wien)

Von

Ilse Schreiner

(II. Phys. Inst. der Universität Wien)

(Vorgelegt in der Sitzung am 19. November 1964)

Einleitung

Der Einfluß von Korpuskularbestrahlung auf die mechanischen Eigenschaften von Festkörpern, insbesondere Metallen, ist von technischer Seite her von großer Bedeutung. In den meisten Fällen wird die Beeinflussung durch Zugversuche an Einkristallen untersucht, wobei im allgemeinen eine Verfestigung des Materials durch die Bestrahlung festgestellt wird. Viele Autoren, die die Bestrahlung bei tiefsten Temperaturen durchführen und die Erholungskinetik bis zu Raumtemperatur verfolgen, folgern daraus, daß bei Raumtemperaturbestrahlung keine Effekte mehr auftreten sollten. Diese einfache Folgerung scheint aber nicht richtig zu sein, da bei Raumtemperatur die Defekte zwar beweglich sind, dadurch aber nicht nur die Rekombinationswahrscheinlichkeit vergrößert wird, sondern auch die Möglichkeit zur Bildung stabiler Defektkonfigurationen besteht.

Im Anschluß an Versuche über die Beeinflussung des Kriechverhaltens von Zn- und Cd-Einkristallen durch Raumtemperaturbestrahlung mit α-, β- und Neutronenstrahlung ([1], [2], [3]) wurde in der vorliegenden Arbeit der Einfluß auf die Mikrohärte von polykristallinem Aluminium untersucht [4].

Experimenteller Teil

Im Gegensatz zum Kriechversuch stellt die Mikrohärte ein quasistatisches Experiment dar, da durch den Eindruck des Diamanten nur Versetzungen eines winzigen Kristallbereiches betroffen sind, während im Zugversuch die Versetzungen durch die ganze Probe laufen. Außerdem kann die Mikrohärtemessung erst nach beendeter Bestrahlung erfolgen. Mit Hilfe der Mikrohärte ist es möglich, den Strahleneinfluß ins Innere der Probe zu verfolgen, wobei die Schichten elektrolytisch abgetragen werden. Mit dieser Methode lassen sich Genauigkeiten von etwa 1 μ bei der Tiefenmessung und $\pm$ (0,2—0,4)% bei der Härtemessung (10 Mikrohärteeindrücke/Meßpunkt) erreichen. Als Probenmaterial wurden 1 mm dicke Plättchen (1,3 $\times$ 1,3 cm) aus polykristallinem Aluminium der Reinheit 99,7% verwendet. Da die Blechproben erst in einer Tiefe von etwa 60 μ einen konstanten Härtewert erreichten, mußte diese Schicht jeweils vor der Bestrahlung abpoliert werden.

1. α-Bestrahlung

Als Strahlungsquelle stand ein kreisförmiges (Durchmesser 0,9 cm) 500 mC starkes Po-210-Präparat ($E_\alpha = 5{,}35$ MeV, $\tau_{1/2} = 138$ d) zur Verfügung. Die Bestrahlung erfolgte bei Raumtemperatur im Exsikkator, wobei Probe und Präparat in 1—2 mm Abstand angeordnet waren. Die Messung wurde immer nur in einem kreisförmigen Ausschnitt (0,3 cm) in der Mitte des bestrahlten Bereiches ausgeführt, um möglichst homogene Bestrahlung annehmen zu können. Dadurch wird allerdings die Anzahl der möglichen Messungen beschränkt, weil zu dicht liegende Mikrohärteeindrücke die Härtewerte verändern.

Zunächst sollte versucht werden, mit Hilfe der Mikrohärte die Reichweite der α-Strahlen in Aluminium zu verfolgen. Zieht man die Vorabsorption in der Glimmerschutzschicht in Betracht (1 mg/cm^2), so erhält man nach [5] eine Reichweite von 15 μ, nach [6] etwa 22 μ.

Die Mikrohärtemessung an harten (etwa 60% Walzgrad), α-bestrahlten Proben lieferte Kurven, wie sie in Abb. 1 dargestellt sind. (Die Härteänderungen sind bezüglich der unbestrahlten Probe in % angegeben.)

Man kann versuchen, diesen Kurvenverlauf aus der Geometrie der Bestrahlungsanordnung zu erklären: Nach den Vorstellungen über die Defekterzeugung durch schnelle, geladene Teilchen (vgl. z. B. [7]) ist die Fehlstellendichte am Ende der Reichweite besonders groß. An der Oberfläche tritt zu den Defekten der normal auftreffenden Strahlen noch ein Beitrag durch die Reichweitenenden der schräg einfallenden Strahlen; dieser Beitrag wird in tiefer liegenden Schichten geringer. Der zu erwartende steile Anstieg am wirklichen Reichweitenende wird verschmiert, da schon das Auftreffen der Diamantspitze auf eine härtere Schicht im Inneren zu einem scheinbaren Härteanstieg führt.

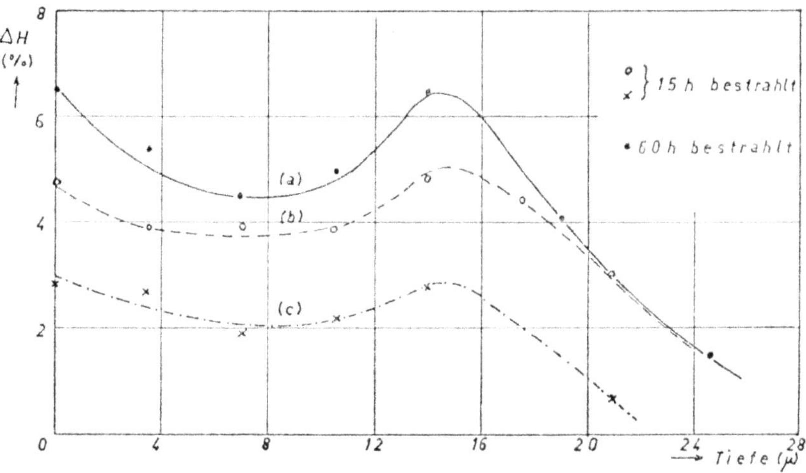

Abb. 1: Härteänderung im Inneren von harten Proben (etwa 60% verformt) nach α-Bestrahlung bei Raumtemperatur [Kurve (*a*) und (*b*)] und bei 50° C [Kurve (*c*)].

Um diese geometrische Deutung zu überprüfen, wurde der Abstand Probe—Strahlenquelle variiert. Wie erwartet, nimmt die Reichweite im Aluminium mit größerer Entfernung linear ab; die ausgeprägte Abnahme der Härte knapp unter der Oberfläche (vgl. Abb. 1) verschwindet ebenfalls mit zunehmendem Abstand.

Ein Versuch bei erhöhter Bestrahlungstemperatur lieferte eine Kurve, die infolge vergrößerter Bestrahlungserholung geringere Härteänderungen zeigt [Abb. 1 Kurve (*c*)].

Gleichartige Versuche an weichgeglühten Proben führten zu analogen Ergebnissen. Beim Ätzen der Proben vor der Bestrahlung zeigte sich bei den weichen Proben manchmal eine Korngrenzenätzung, die vermutlich durch gewisse Temperaturbedingungen im Elektrolyten zustandekommt. Solche Proben ergaben bei der Tiefenmessung nach erfolgter α-Bestrahlung einen etwas anderen Kurvenverlauf: der Härtepeak ist von 16 μ auf etwa 20 μ verschoben, die Oberflächenhärtung ist geringer. Möglicherweise ist für dieses anomale Verhalten eine H_2-Diffusion zu den Korngrenzen verantwortlich zu machen.

Bestrahlt man Proben mit Walzgraden über 60%, so erhält man eine wesentlich geringere Verfestigung, die Kurven zeigen aber wieder einen ähnlichen Verlauf wie die oben beschriebenen. Bei höchsten Walzgraden (98%) tritt im Inneren sogar eine Entfestigung auf (Abb. 2).

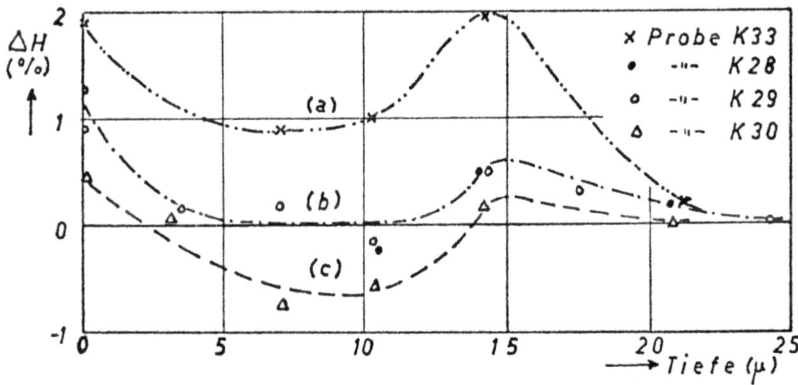

Abb. 2: Härteänderung im Probeninneren nach 48 h (*a*) bzw. 15 h (*b, c*) α-Bestrahlung; die Proben *K* 28, *K* 29, *K* 33 waren 96%, *K* 30 98% verformt.

Die Verfolgung der Oberflächenhärtung in Abhängigkeit von der Dosis lieferte den für Eigenschaftsänderungen bei Bestrahlung üblichen Verlauf: die Härte nimmt nach einem anfangs starken Anstieg mit zunehmender Dosis immer langsamer zu und erreicht schließlich einen Sattwert (etwa 6% Härteänderung bei 60% verformtem Material). Innerhalb der Fehlergrenzen konnte keine Fluxabhängigkeit festgestellt werden (bei 400 bis 100 mC Präparatstärke).

Bei weichgeglühten Proben, die vor der Bestrahlung eine Korngrenzenätzung aufwiesen, zeigte sich ein etwas anderer Verlauf. Die Härte durchschreitet mit wachsender Dosis einen Maximalwert und erreicht schließlich einen Endwert, der niedriger liegt als der Sättigungswert der Proben ohne Korngrenzenätzung.

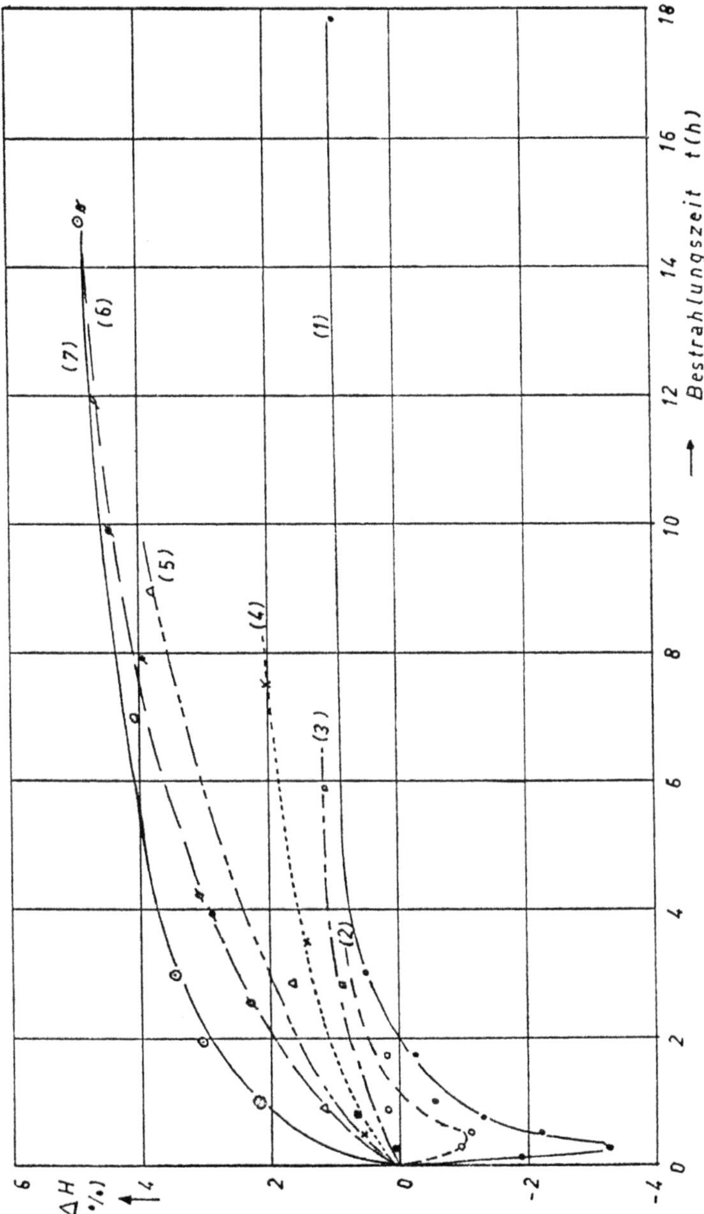

Abb. 3: Dosisabhängigkeit der Oberflächenhärtung nach α-Bestrahlung bei verschiedenen Walzgraden: (1) 98%, (2) 97%, (3) 96%, (4) 77%, (5) 65%, (6) 60%, (7) weichgeglüht.

Aus dem Verhalten stark verformter Proben in Abb. 2 war zu vermuten, daß eine geringe Fehlstellendichte entfestigende Wirkung haben könnte, da in dem Bereich, wo praktisch keine Beiträge von Reichweitenenden zu erwarten sind, die Härte unter den Wert der unbestrahlten Probe sinkt. Es war also denkbar, daß bei sehr kurzen Bestrahlungs-

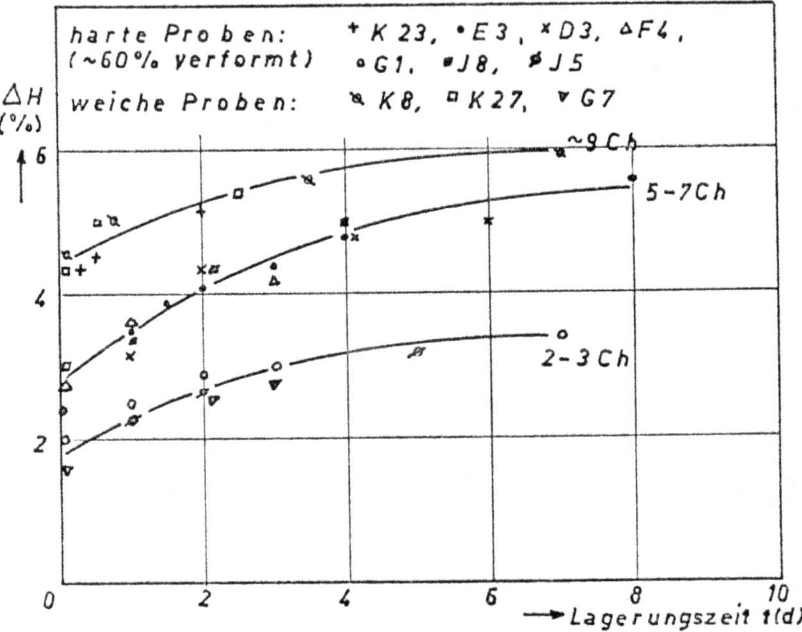

Abb. 4: Raumtemperaturlagerung α-bestrahlter Proben (die Härte wurde an der Oberfläche verfolgt, bei *D* 3 und *G* 1 in 15 μ Tiefe).

zeiten auch an der Oberfläche eine Entfestigung auftreten könnte. Abb. 3 zeigt, daß dies tatsächlich der Fall ist; allerdings tritt der Effekt nur bei höchsten Walzgraden (größer 97 %) und sehr kleinen Bestrahlungszeiten (etwa 5 bis zu 120 min bei 400 mC) ein.

Bei Raumtemperaturlagerung α-bestrahlter Proben zeigte sich, daß die Oberflächenhärtung mit der Lagerungszeit zunimmt (Abb. 4). Man erhält den Anstieg auch, wenn man sofort nach der Bestrahlung in die Tiefe ätzt und dort die Härte als Funktion der Lagerungszeit beobachtet (Probe *D* 3 und *G* 1 in Abb. 4).

Beim Vergleich von Kurven ΔH *vs* Tiefe ergab sich, daß die Kurven derjenigen Proben, die nach der Bestrahlung bei Raumtemperatur gelagert worden waren, bei höheren Härtewerten lagen. Diese Tatsache der parallel übereinander liegenden Kurven widerlegt die Annahme, daß es sich hier um einen Oberflächeneffekt handeln könne.

Bei Walzgraden zwischen 60 und 97% ist fast keine Härteänderung während der Lagerung festzustellen; dagegen beobachtet man bei

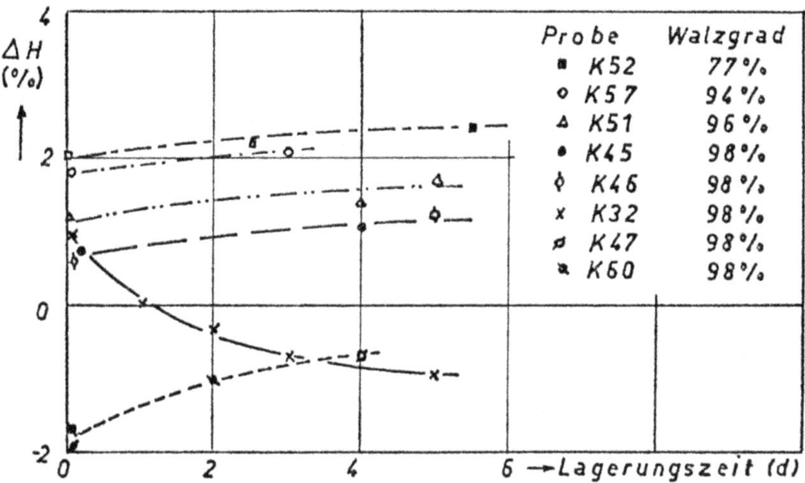

Abb. 5: Raumtemperaturlagerung stark verformter Proben nach α-Bestrahlung; die Bestrahlungszeit war 15 h bei den Proben *K* 52, *K* 57, *K* 51, *K* 32; bei *K* 45 und *K* 46 5 bzw. 3 h, bei *K* 47 und *K* 60 7 bzw. 12 min.

98%ig verformtem Material folgenden Effekt: Nach sehr kurzer Bestrahlung (Bereich der Entfestigung) härtet die Probe bei Lagerung (Probe *K* 47, *K* 50 in Abb. 5), nach mittleren Bestrahlungszeiten ergibt sich fast keine Änderung (Probe *K* 45, *K* 46 in Abb. 5), nach sehr langer Bestrahlung beobachtet man eine Entfestigung (Probe *K* 32 in Abb. 5).

Eine dem normalen Reaktorbetrieb ähnliche Versuchsdurchführung ist erreicht, wenn die Bestrahlung durch Raumtemperaturlagerung unterbrochen wird. Solche Versuche bei variierten Bestrahlungsdosen sind in Abb. 6 wiedergegeben. Es ist auffallend, daß der bei durchlaufender Bestrahlung erreichbare Maximalwert der Härteänderung (etwa 6% bei 60%ig verformten Proben) nicht überschritten wird;

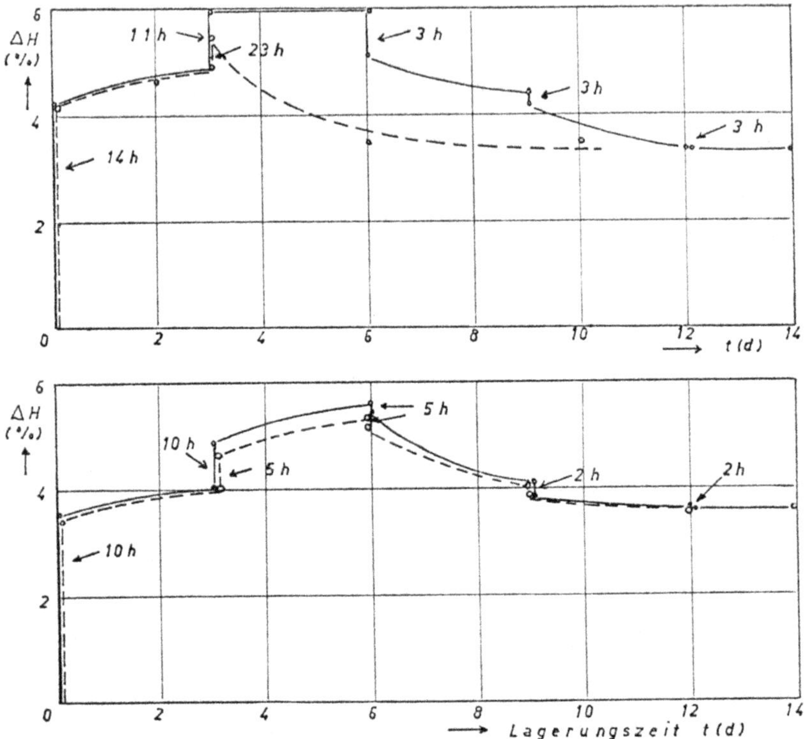

Abb. 6: α-Bestrahlung unterbrochen durch Raumtemperaturlagerung (bei den Pfeilen sind die Bestrahlungszeiten angegeben) Walzgrad der Proben: 60%.

außerdem zeigt sich, daß die Härte nach Durchschreiten eines Maximums in einen Endwert einmündet, der weder durch Bestrahlung noch durch Lagerung bei Raumtemperatur geändert werden kann und von der verschiedenen Variation der Dosen unabhängig zu sein scheint. Ersetzt man die Lagerung bei Raumtemperatur durch zweistündiges Anlassen bei 60° C, so erhält man einen ähnlichen Verlauf mit (innerhalb der Fehlergrenzen) demselben Endwert.

Die unterbrochene Bestrahlung bei 98% verformten Blechen liefert andere Bilder (Abb. 7), die aber aus der Dosisabhängigkeit und dem Verhalten bei Raumtemperaturlagerung solcher Proben (Abb. 3 und Abb. 5) verständlich erscheinen. Nach einer sehr kurzen ersten Bestrahlung (12 min), bei der man das Härteminimum der Abb. 3 noch nicht erreicht hat, ist eine große Anzahl von Bestrahlungs-Lagerungswechseln erforderlich, um Verfestigung zu erreichen (strichlierte Kurve). Hat man dagegen durch eine 30-min-Bestrahlung das Minimum bereits durchschritten, so genügen dazu wenige Wechsel.

Erholversuche an α-bestrahlten Proben zeigten an harten und weichgeglühten Materialien gleichartige Ergebnisse. Das Anlassen erfolgte in Ölbädern.

Bei den in Abb. 8 dargestellten Isothermen ist wie bei Raumtemperaturlagerung ein Härteanstieg festzustellen; die Härte durchläuft ein Maximum und strebt schließlich einem Endwert zu. Mit höheren Anlaßtemperaturen verschiebt sich das Maximum zu kürzeren Anlaßzeiten. Der Endwert liegt bei niedrigen Temperaturen über dem Härtewert am Beginn der Erholung, unterschreitet diesen Wert aber bei steigenden Anlaßtemperaturen. Eine Bestimmung der Reaktionsordnung war nicht möglich.

Isochrone Meßdaten werden zur Berechnung von Aktivierungsenergien verwendet, wobei man annimmt, daß die Härteänderung durch eine dem Boltzmann-Faktor proportionale Fehlstellenkonzentration hervorgerufen wird. Der Anstieg der Kurve in einem $\ln \Delta H$ *vs* $1/T$-Diagramm liefert danach die gesuchte Aktivierungsenergie des ablaufenden Prozesses. Die Minima in einem differentiellen Diagramm $d(\Delta H)/dT$ *vs* T sind den Übergängen zwischen den stattfindenden Prozessen zuzuordnen.

Abb. 9 zeigt die isochronen Meßdaten von drei α-bestrahlten Proben. (Man sieht, daß kein merklicher Einfluß der unterschiedlich gewählten konstanten Anlaßzeit festzustellen ist.) In dem entsprechenden differentiellen Diagramm erkennt man deutlich drei verschiedene Erholungsstufen, denen dann aus dem $\ln \Delta H$ *vs* $1/T$-Diagramm die Aktivierungsenergien zugeordnet werden können. Die Mittelwerte der

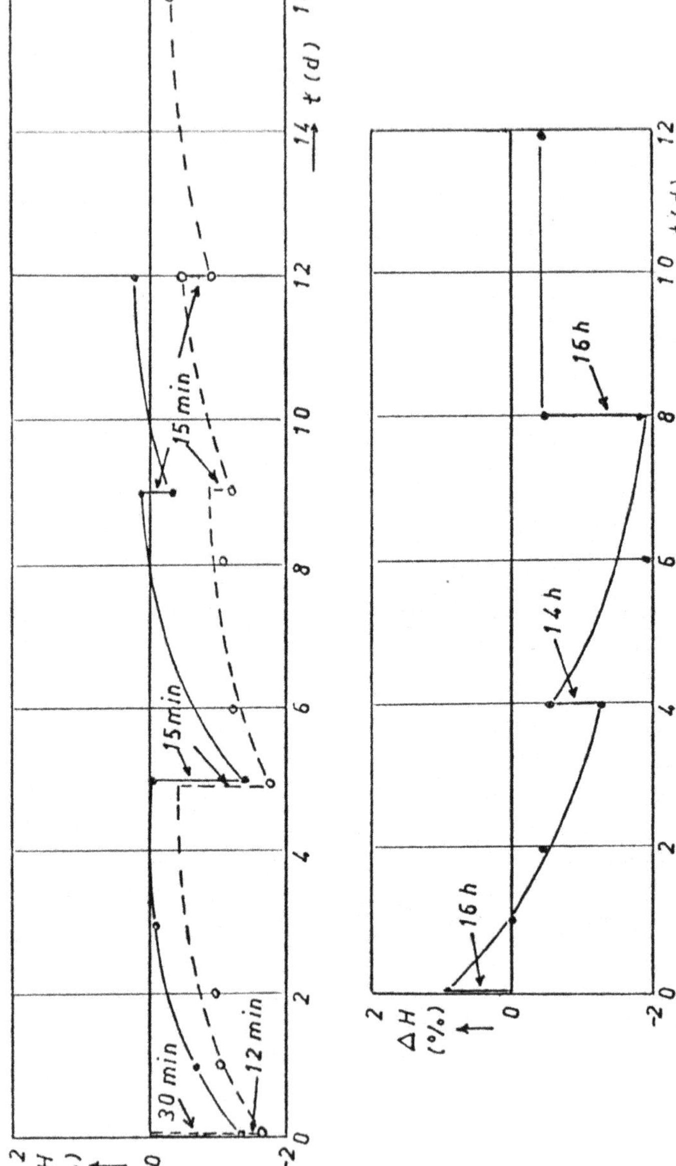

Abb. 7: α-Bestrahlung unterbrochen durch Raumtemperaturlagerung (die Pfeile geben die Bestrahlungen an) Walzgrad der Proben: 98%.

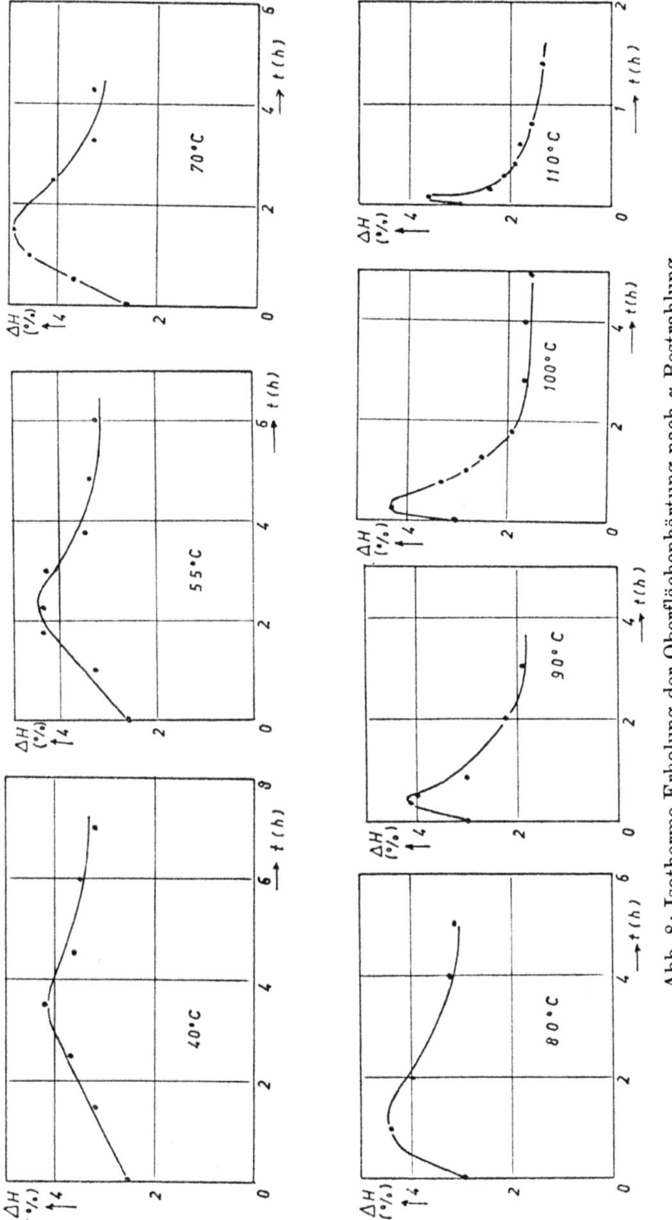

Abb. 8: Isotherme Erholung der Oberflächenhärtung nach α-Bestrahlung.

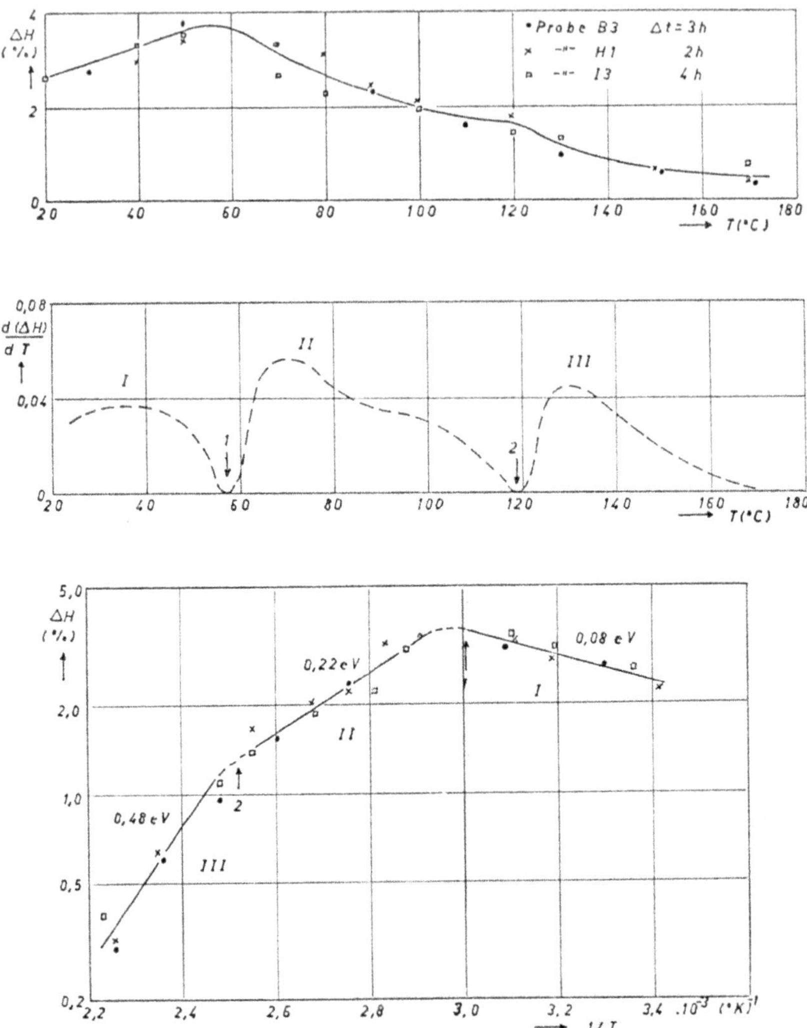

Abb. 9: Isochrone Erholung der Oberflächenhärtung nach α-Bestrahlung.

aus mehreren derartigen Kurven errechneten Aktivierungsenergien sind im Folgenden zusammengestellt:

---

1 Die hier mit I II III bezeichneten Stufen sind nicht mit den in der Literatur angegebenen Erholstufen nach Tieftemperaturbestrahlung identisch.

Stufe I	(20—60)° C	$E^{\mathrm{I}} = (0{,}07 \pm 0{,}02)$ eV
Stufe II	(70—120)° C	$E^{\mathrm{II}} = (0{,}23 \pm 0{,}03)$ eV
Stufe III	> 130° C	$E^{\mathrm{III}} = (0{,}45 \pm 0{,}05)$ eV

Eine Anlaßbehandlung nach unterbrochener α-Bestrahlung lieferte schon in Stufe I einen Härteabfall (Abb. 10); dies erscheint nicht überraschend, da der Erholversuch nach Erreichen des Endwertes (siehe Abb. 6) durchgeführt wurde, also eine Härteabnahme bei Raumtemperaturlagerung bereits stattgefunden hatte.

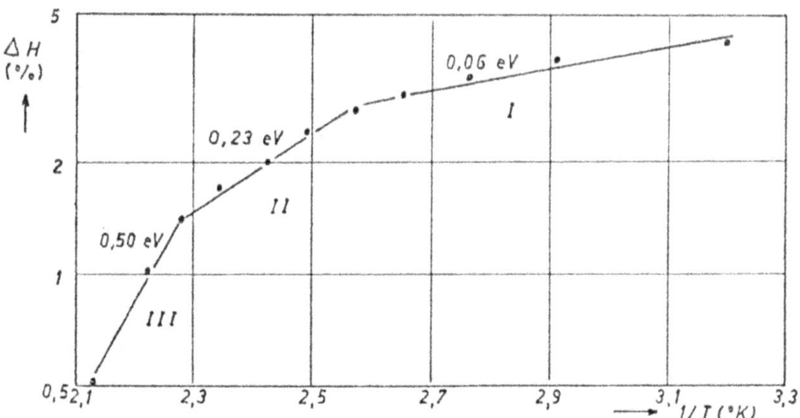

Abb. 10: Isochrone Erholung der Oberflächenhärtung nach intermittierender α-Bestrahlung.

In einem weiteren Versuch wurden Proben vor der α-Bestrahlung mit Leerstellen angereichert; dies wurde durch folgende Behandlungen zu erreichen versucht:

(*A*) Durch Abschrecken von 630° auf 20° C; neben Einzelleerstellen sind wahrscheinlich auch Leerstellenagglomerate und Versetzungsschleifen durch Einbrechen von Leerstellenplatten vorhanden.

(*B*) Durch Erholung einer α-bestrahlten Probe bis 140° C; im wesentlichen sind nur Einzelleerstellen zu erwarten.

(*C*) Durch Neutronenbestrahlung; neben Einzelleerstellen treten alle für die Bestrahlungshärtung verantwortlichen Defekte auf.

Im isochronen Anlaßversuch solcher Proben wird die Stufe I fast gänzlich unterdrückt (Abb. 11).

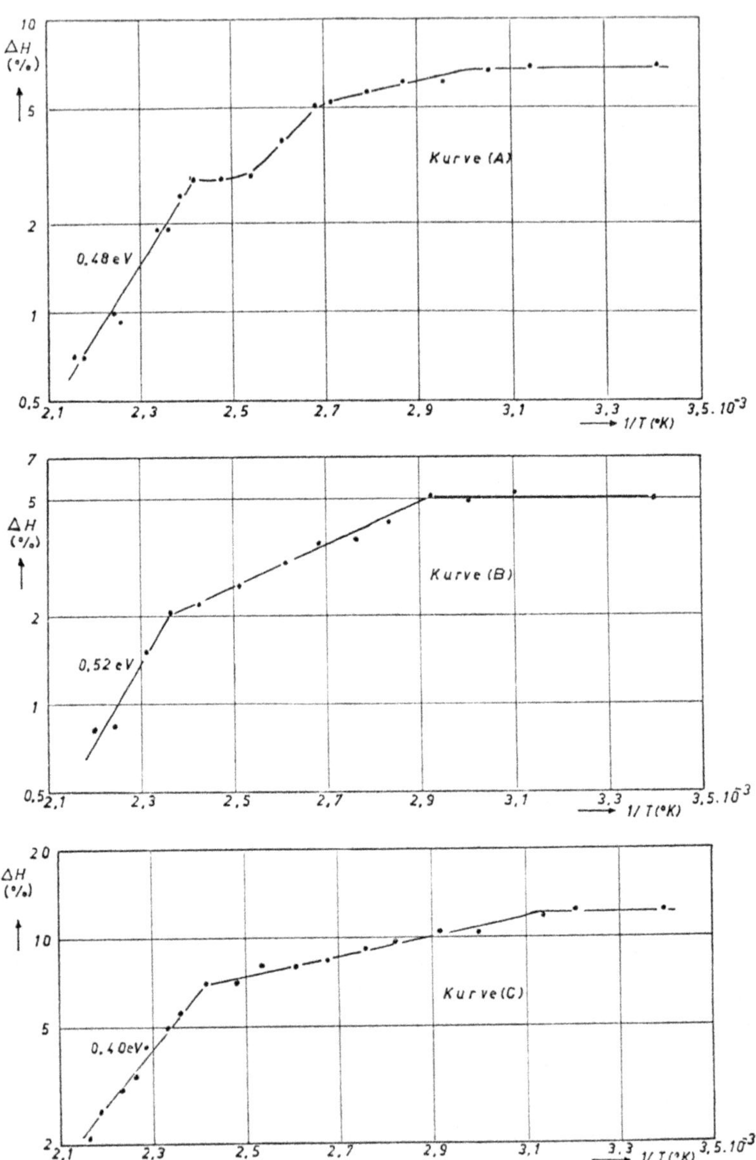

Abb. 11: Isochrone Erholung der Oberflächenhärtung Leerstellenangereicherter Proben nach α-Bestrahlung.

2. Neutronenbestrahlung

Als Vergleich zu den Ergebnissen der α-Bestrahlung wurden einige Proben einer Neutronenbestrahlung im Reaktor unterzogen; die Dosis betrug $3.10^{18}\ n/\mathrm{cm}^2$ ($E_n > 1$ MeV). Da die Proben zur Kühlung mit dem Reaktorkühlwasser in Verbindung waren (30° C), hätte eine vor-

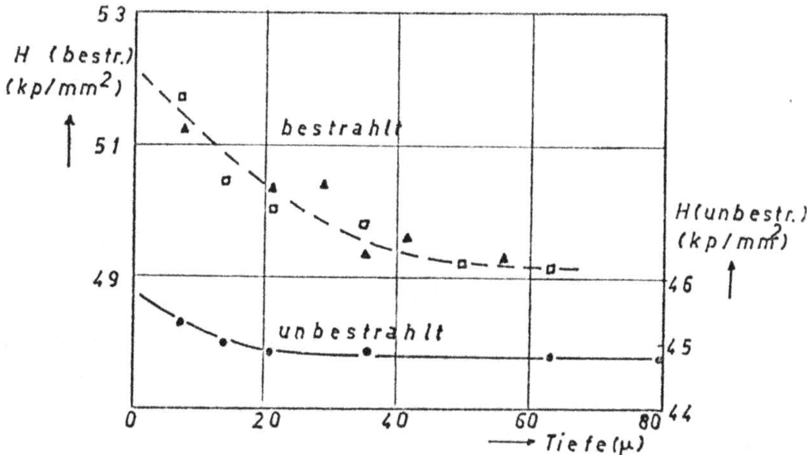

Abb. 12: Mikrohärte im Inneren von unbestrahlten und Neutronenbestrahlten Proben.

polierte Schicht durch Korrosion gelitten, es wurde daher auf eine Messung im unbestrahlten Zustand verzichtet. Die gute Reproduzierbarkeit der Härtewerte verschiedener Proben rechtfertigte dieses Vorgehen. Nach dem Abklingen der Aktivität führte die Tiefenmessung zu dem in Abb. 12 dargestellten Ergebnis.

Es zeigt sich, daß im Vergleich zur unbestrahlten Probe die Oberfläche stärker verfestigt wurde. Interessanterweise wurde bei harten Proben eine größere Härtezunahme (10%) beobachtet als bei weichgeglühten (3,5%), was im Widerspruch zu den in der Literatur angeführten Ergebnissen steht (vgl. z. B. [7], [8]).

Die isochrone Anlaßbehandlung nach Neutronenbestrahlung ergab wieder einen Härteanstieg in Stufe I, wodurch die Vermutung[1], daß dies im Fall der α-Bestrahlung auf He-Diffusion zurückzuführen sei, widerlegt erscheint. Auch im weiteren Verlauf erhält man eine analoge Kurve wie nach α-Bestrahlung (Abb. 13). Stufe II ist allerdings in zwei Unterstufen mit verschiedenen Aktivierungsenergien aufgespalten, deren Mittelwert gleich dem früher für Stufe II erhaltenen Wert ist. Dies kommt möglicherweise daher, daß auf der im Reaktor gleichmäßig bestrahlten Probenoberfläche wesentlich mehr Mikrohärteeindrücke gemacht werden konnten, die Auflösung der Methode daher gesteigert ist.

3. β-Bestrahlung

Man kann vermuten, daß die Elektronen infolge ihrer geringen Masse bei elastischen Stößen mit Gitteratomen bestenfalls einen Frenkel-Defekt erzeugen können, der nahe an der Oberfläche liegen wird. Die Energieabgabe an das Gitter wird im wesentlichen über Phononen erfolgen. Es ist daher zu erwarten, daß neben einer vorwiegend an der Oberfläche stattfindenden Verfestigung im Inneren eine entfestigende Wirkung festzustellen sein sollte, falls das Gitter vor der Bestrahlung in verformtem Zustand war. Das tatsächliche Auftreten einer Entfestigung durch Elektronenbeschuß wurde bereits an Kriechversuchen gefunden [3].

Der Einfluß von β-Strahlung auf die Mikrohärte von Aluminium wurde in einem orientierenden Versuch zunächst nach Rn-Bestrahlung untersucht. Das Ergebnis der Tiefenmessung zeigt eine Entfestigung im Bereich von 30 bis 160 μ, bei 200 μ tritt aber wieder ein Härtepeak auf, der wahrscheinlich durch das Strahlengemisch des Präparates und die ungünstigste Geometrie bedingt ist. Zur eingehenderen Untersuchung wurde ein P-32-Präparat verwendet (100 mC Anfangsstärke; $E_\beta =$ 1,71 MeV, $\tau_{1/2} = 14{,}07\ d$, verwendete Dosen: 10^{14}—10^{15} β/cm^2). Abb. 14 zeigt das Ergebnis der Tiefenmessung. Es ergab sich eine Verfestigung in einer dünnen Oberflächenschicht, im Inneren eine Entfestigung im Bereich von 20 bis 220 μ, wobei der Härtewert ohne Auftreten eines

[1] Eine Vermutung, die anläßlich der Diskussionstagung über Reaktormetalle in Stuttgart (Dezember 1963) ausgesprochen aber nicht die Meinung des Vortragenden (K. Lintner) war, wie irrtümlich in einem Referat über diese Tagung [Metall, 18, 135 (1964)] ausgeführt wird.

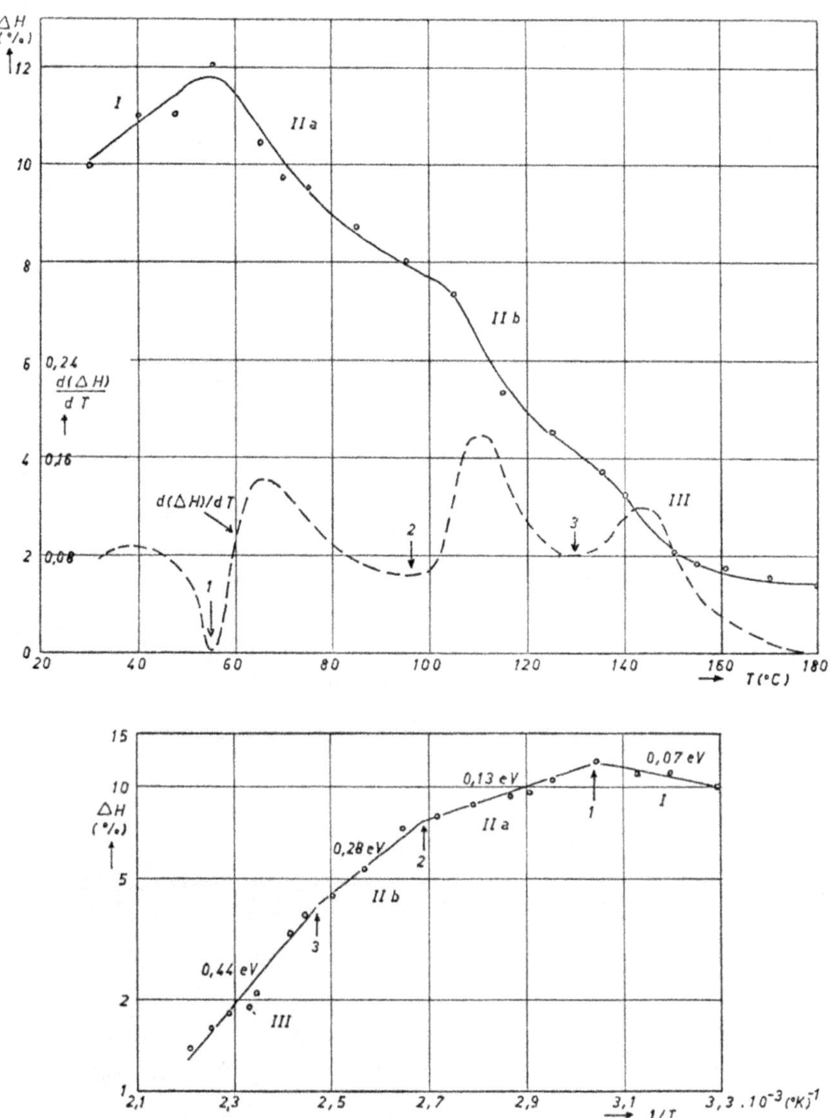

Abb. 13: Isochrone Erholung der Härtung nach Neutronenbestrahlung.

Verfestigungseffektes in den Wert der unbestrahlten Probe einmündet. Die beobachtete Entfestigung nimmt mit der Dosis zu und kann weder durch Lagerung, noch durch Tempern rückgängig gemacht werden. Weiche Proben zeigen keine Entfestigung.

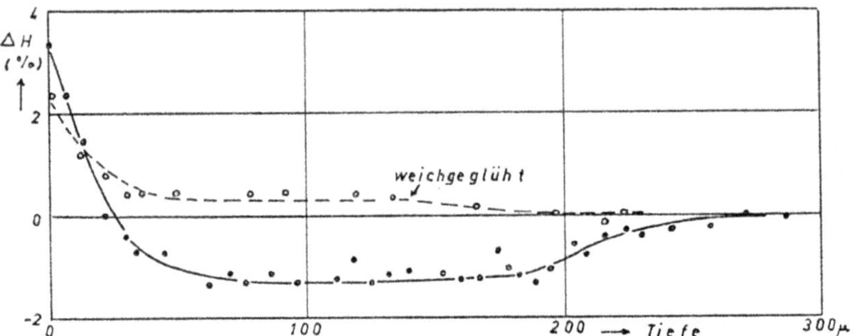

Abb. 14: Härteänderung im Probeninneren nach einer P-32-β-Bestrahlung.

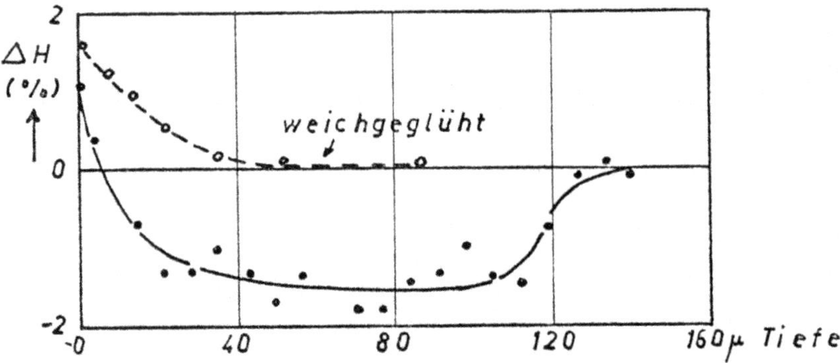

Abb. 15: Härteänderung im Probeninneren nach einer Au-198-β-Bestrahlung.

Bei den Kriechversuchen konnte bei Bestrahlung mit einer Au-198-Quelle (Anfangsstärke 1000 mC; $E_\beta = 0{,}96$ MeV, $\tau_{1/2} = 2{,}69\,d$, Dosis: 10^{15} β/cm^2) keine Entfestigung gefunden werden [3]. Die Mikrohärte lieferte dagegen ein eindeutiges Absinken unter den Ausgangswert im Bereich von 5 bis 125 μ (Abb. 15). Vermutlich ist das Ausbleiben des Effekts im Kriechversuch auf die geringe Ausdehnung des entfestigten Bereichs relativ zum Probenquerschnitt zurückzuführen.

Die Untersuchung der Oberflächenhärtung nach β-Bestrahlung müßte nach der modellmäßigen Vorstellung Aussagemöglichkeiten über die Punktdefektmechanismen liefern. Der Anstieg der Oberflächenhärtung zeigte sich stark vom Flux abhängig, und zwar tritt bei geringerem Flux eine stärkere Verfestigung ein (Abb. 16). Weiters führt eine Lagerung bei Raumtemperatur nach der Bestrahlung zu einer Härteabnahme mit der eindeutig bestimmbaren Reaktionsordnung 1.

Die mit Hilfe einer in [9] angegebenen Methode auf eine 60° C-Isotherme umgerechneten Meßdaten von Isothermen verschiedener Anlaßtemperaturen sind in Abb. 17 wiedergegeben. Isochrone Erholversuche ergaben wieder drei Stufen mit Aktivierungsenergien, die innerhalb der Fehlergrenzen mit denen der α- und Neutronenbestrahlung übereinstimmen (Abb. 18).

Die Werte der Stufe I sind pseudoisochrone Werte, die aus isothermen Messungen in Anwendung der zitierten Methode errechnet wurden (nähere Beschreibung in [10]).

4. γ-Bestrahlung

Die Amerikanische Ausstellung „Atoms at Work" bot im Juni 1963 in Wien die Möglichkeit, Proben in der Co-60-γ-Facility zu bestrahlen. Die für Lebensmittelbestrahlungen gedachte Geometrie war für die Versuche sehr ungünstig; es zeigte sich ein Unterschied des Effektes bei Proben, die verschieden im Bestrahlungsgefäß angeordnet waren.

Die Wirkung der γ-Strahlen auf Materie erfolgt bei niedrigen Energien [E(Co-60) = 1,33 MeV] und leichten Kernen (Al^{27}) im wesentlichen über Compton-Elektronen, die im vorliegenden Fall eine Maximalenergie von 1,11 MeV und eine mittlere Energie von 0,96 MeV besitzen. Dementsprechend könnte auch hier eine Entfestigung erwartet werden. Das Auftreten einer Oberflächenhärtung ist nicht wahrscheinlich, da die Punktdefekte statistisch im Inneren verteilt entstehen. Die Meßergebnisse zeigten bei allen Proben eine Entfestigung, die mit der Dosis zunimmt und einem Sättigungswert zustrebt. Man kann die Ergebnisse der γ-Bestrahlung als weiteren Beweis für die Entfestigungswirkung der Elektronen ansehen.

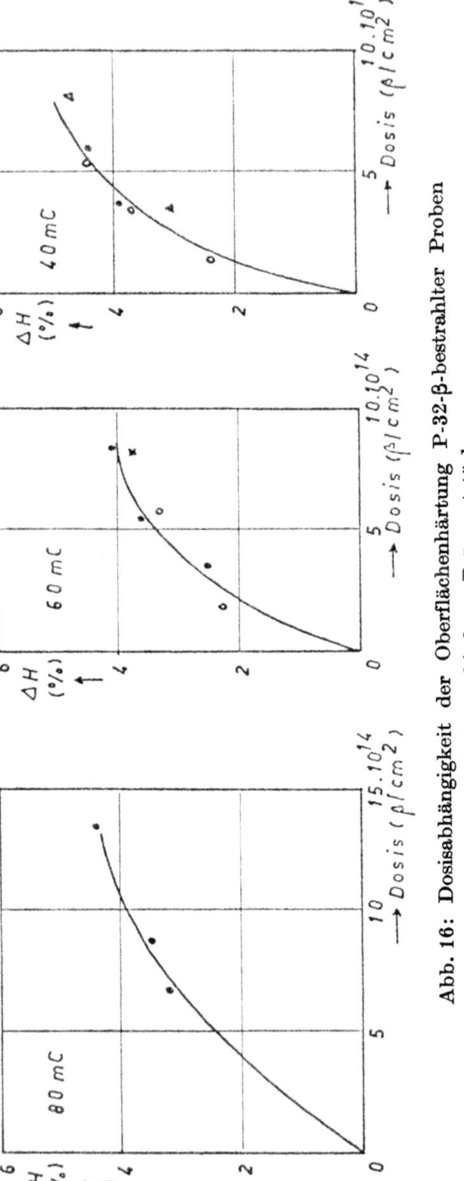

Abb. 16: Dosisabhängigkeit der Oberflächenhärtung P-32-β-bestrahlter Proben bei verschiedener Präparatstärke.

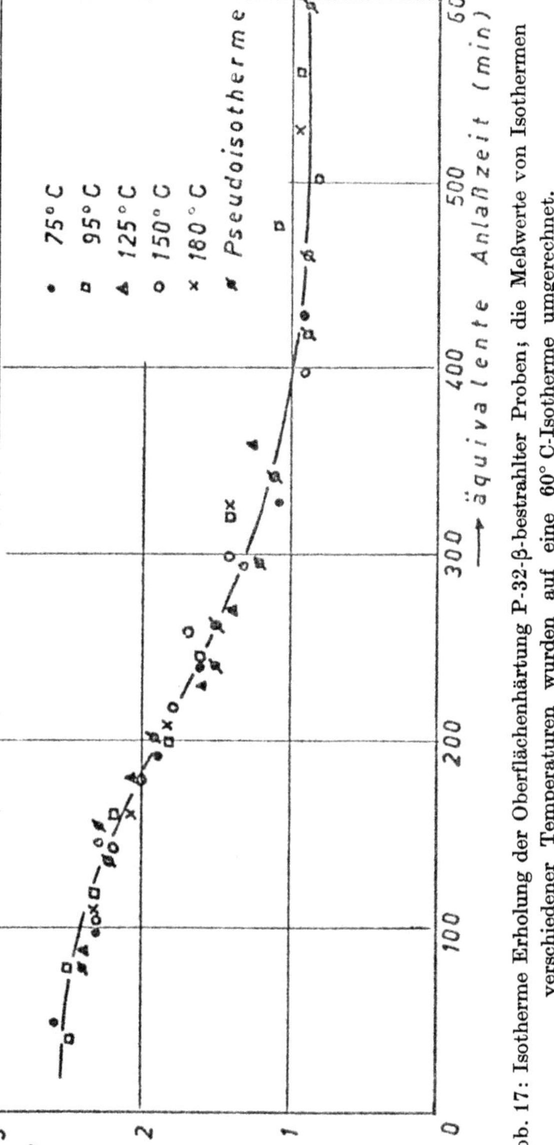

Abb. 17: Isotherme Erholung der Oberflächenhärtung P-32-β-bestrahlter Proben; die Meßwerte von Isothermen verschiedener Temperaturen wurden auf eine 60° C-Isotherme umgerechnet.

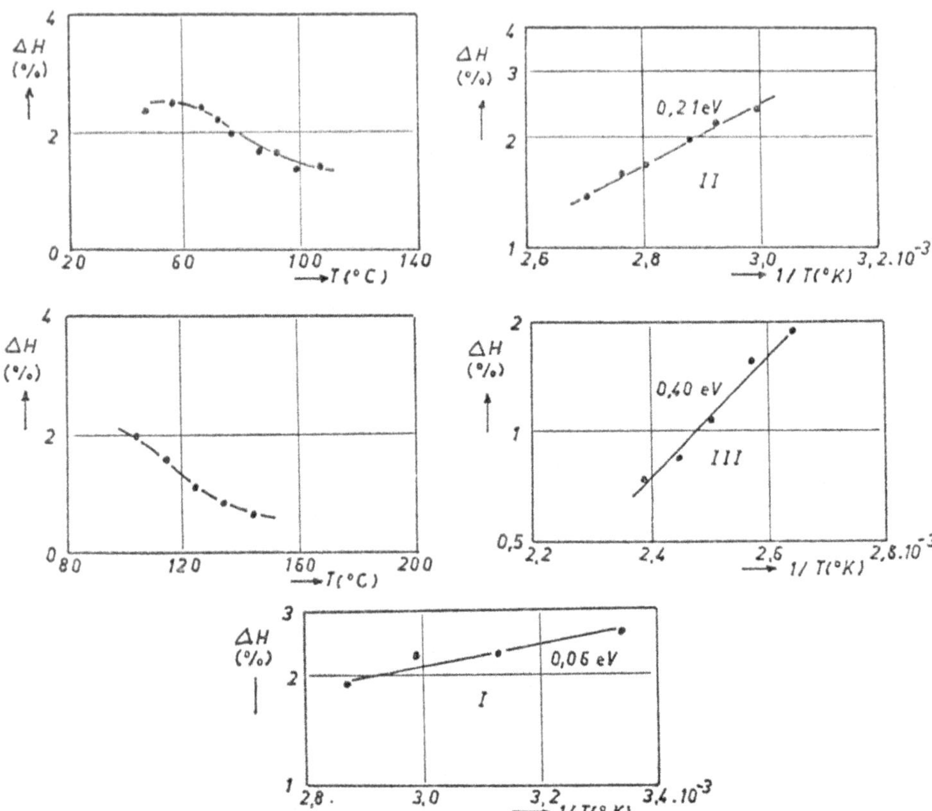

Abb. 18: Isochrone Erholung der Oberflächenhärtung P-32-β-bestrahlter Proben.

Deutung der Ergebnisse

Da theoretisch exakte Rechnungen bezüglich der Eigenschaften von Festkörpern heute noch so gut wie unmöglich sind, bleibt auch auf dem Gebiet des Radiation-Damage nur die Möglichkeit, die Ergebnisse durch qualitative Modellvorstellungen zu deuten. Die Annahmen solcher Hypothesen sind allerdings im allgemeinen unbeweisbar und können nur durch verschiedene experimentelle Ergebnisse gestützt werden.

Verwendet man die Vorschläge in der Literatur (z. B. [11], [12], [13]), so kommen für die Strahlungsverfestigung folgende Mechanismen in Betracht:

(*a*) dispers verteilte Einzelfehlstellen und Zwischengitteratomagglomerate b) Seegerzonen und Leerstellencluster, die durch Bestrahlungserholungseffekte gebildet werden	Bewegungshindernisse für Versetzungen

(*c*) Verhakung von Versetzungen

(*d*) Blockierung von Versetzungsquellen

Die Reihenfolge soll gleichzeitig die zunehmende Verfestigungswirkung beinhalten. Nach den grundlegenden Vorstellungen über die Vorgänge der Bestrahlungsbeeinflussung [14] wird bei α-Bestrahlung ein etwa gleicher Energiebetrag wie für (*a*)—(*d*) auch für Phononenerzeugung verbraucht. Es soll nun angenommen werden, daß energiereiche Phononen Verspannungen des Gitters teilweise aufheben können.

Im Gegensatz zur Bestrahlung sind bei Kaltbearbeitung andere Defekte zu erwarten:

(*a'*) Neubildung von Versetzungen durch die Wirkung der Frank-Read-Quellen; dadurch können Lomer-Cotrell-Versetzungen (Versetzungsbarrieren) entstehen, die Aufstauungen von Versetzungen verursachen; weiters wird das Versetzungsnetzwerk verdichtet, so daß neue Quellen möglich werden.

(*b'*) Bildung von Punktdefekten (im wesentlichen Leerstellen)

(*c'*) Entstehung einer Verspannung des Gitters, die auch die Versetzungsbewegung behindert.

Bei Abschreckbehandlungen werden wahrscheinlich neben Einzelleerstellen auch Agglomerate erzeugt, die bei hinreichender Größe durch Einbrechen des Gitters die Entstehung von Versetzungsschleifen möglich machen.

Nach [11] und [13] müßte im Fall der Mechanismen (*a*) und (*b*) eine $\sqrt[2]{\text{Dosis}}$-Abhängigkeit des Bestrahlungseffektes vorliegen; die Autoren deuten die in anderen Arbeiten beschriebene $\sqrt[3]{\phi\, t}$-Abhängigkeit (z. B. [12]) durch Sättigungserscheinungen im Bereich höherer Dosen.

Abb. 19 zeigt die in $\sqrt[2]{\phi t}$- und $\sqrt[3]{\phi t}$-Abhängigkeit umgezeichneten Kurven der Abb. 3. Die Forderung nach Linearität im $\sqrt[2]{\phi t}$-Diagramm ist bei weichen Proben gut erfüllt, mit zunehmendem Walzgrad wächst die Ausbildung einer Inkubationszeit, außerdem wird die Linearität im $\sqrt[3]{\phi t}$-Diagramm besser.

Aus diesen Kurven kann man versuchen zu schließen, daß im weichgeglühten Zustand im wesentlichen nur die dispers verteilten Fehlstellen von Bedeutung sind, was auch verständlich erscheint, da relativ wenige Versetzungsquellen vorhanden sind und vor allem keine Versetzungsnetzwerke vorliegen. Nach [11] sollen in Aluminium keine Seegerzonen entstehen; es ist aber denkbar, daß durch die hohe Bestrahlungstemperatur im vorliegenden Fall Leerstellenagglomerate durch Wanderung während der Bestrahlung gebildet werden können, die sich ähnlich wie Seegerzonen auswirken.

Mit steigendem Walzgrad wächst die Zahl der Versetzungen, dadurch die Dichte des Netzwerkes und der Quellen, so daß auch eine zunehmende Verspannung des Gitters verursacht wird. Damit steigt die Bedeutung der durch die Bestrahlung gebildeten Phononen, die entsprechend der Annahme entfestigend wirken können. Da gleichzeitig auch eine Verfestigung durch die Fehlstellen erfolgen kann, erscheint es verständlich, daß eine immer stärker ausgeprägte Inkubationszeit auftritt. Außerdem steigt die Wahrscheinlichkeit der Mechanismen (*c*) und (*d*), wodurch vielleicht die bessere Linearität im $\sqrt[3]{\phi t}$-Diagramm begründet sein könnte. Bei höchsten Walzgraden macht sich nach geringer Bestrahlungsdosis die entfestigende Wirkung der Phononen in einem starken Härteabfall bemerkbar, der aber durch die bei fortgesetzter Bestrahlung rasch zunehmende Verfestigung überdeckt wird.

Bei β-Bestrahlung kommen für die Oberflächenhärtung nur die Wirkungen der Einzelfehlstellen in Frage, die sich bestenfalls zu Doppelfehlstellen zusammenschließen können. Die beobachtete Dosis-Flux-Abhängigkeit wird verständlicher, wenn man folgende Tatsachen berücksichtigt:

1. Bei höherem Flux wird die Bestrahlungserholung durch die vergrößerte Fehlstellendichte wahrscheinlicher.

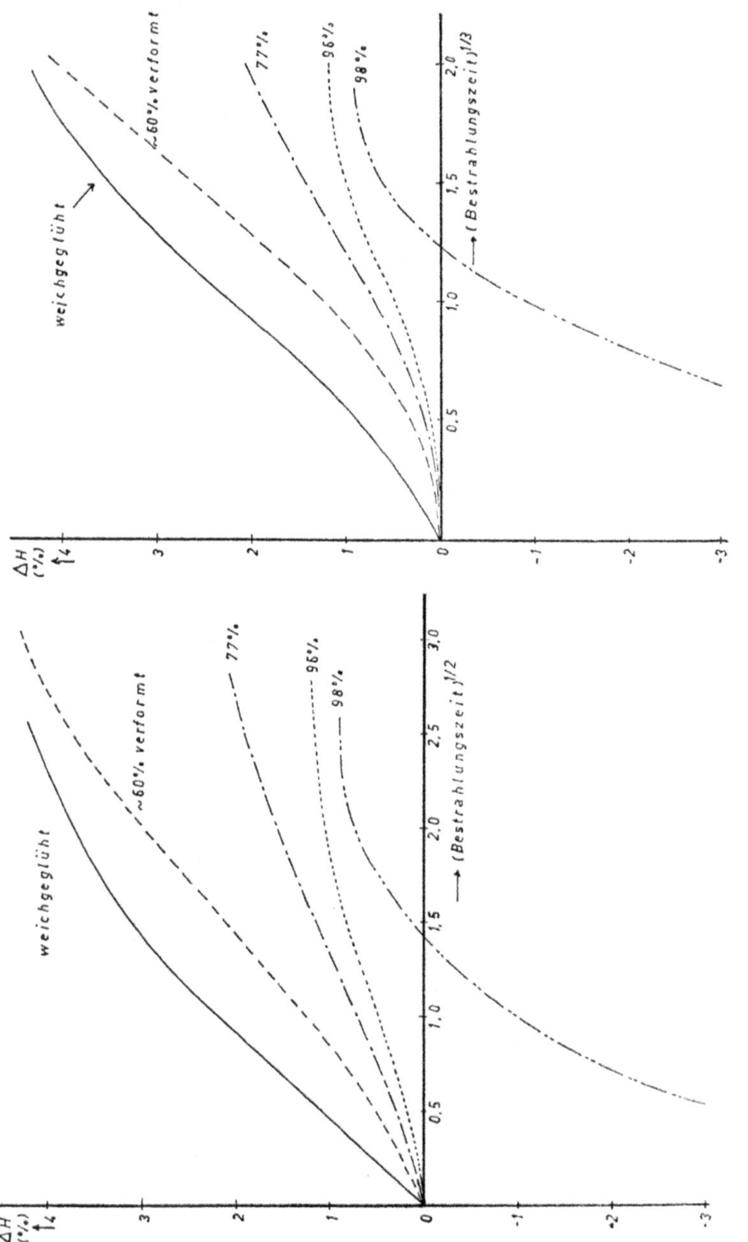

Abb. 19: Dosisabhängigkeit der Oberflächenhärteänderung α-bestrahlter Proben.

2. Aus Abb. 20 erkennt man, daß die geforderte Linearität im $\sqrt[2]{\phi}\ t$-Diagramm bei 40 mC am besten erfüllt ist. Dies könnte bedeuten, daß bei vergrößertem Fluß auch mit einer merklichen Entfestigung an der Oberfläche gerechnet werden muß, die dem Verfestigungsmechanismus entgegen wirkt.

Damit könnte die Ausbildung einer Inkubationszeit und das schwächere Ansteigen der Härte bei größeren Flüssen gedeutet werden.

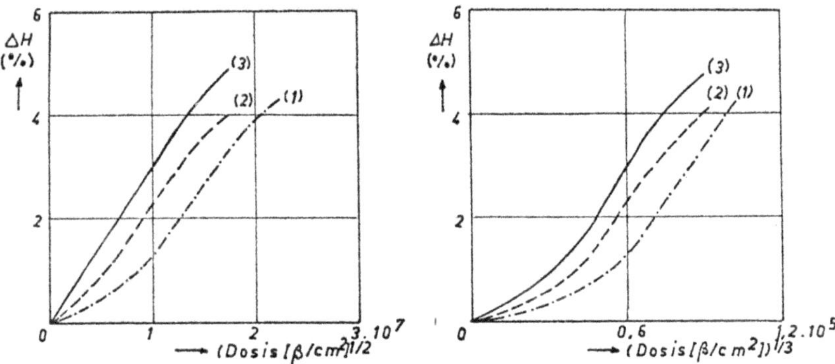

Abb. 20: Dosisabhängigkeit der Oberflächenhärtung nach P-32-β-Bestrahlung bei Präparatstärken von 80 mC (1), 60 mC (2) und 40 mC (3).

Man kann versuchen, das Ansteigen der Härte α-bestrahlter Proben bei Raumtemperaturlagerung zu erklären, indem man annimmt, daß die bei beendeter Bestrahlung vorhandenen Frenkel-Defekte in relativ großer Entfernung voneinander sind, so daß für die bei Raumtemperatur beweglichen Zwischengitteratome die Rekombinationswahrscheinlichkeit geringer wird als die Wahrscheinlichkeit, Quellen zu blockieren und Versetzungen zu verhaken. Dagegen ist bei β-Bestrahlung die Entfernung der Frenkel-Partner geringer, so daß die Rekombinationswahrscheinlichkeit vorherrscht und eine Härteabnahme liefert. Die Vermutung, daß es sich um eine Zwischengitteratom-Wanderung handelt wird durch den Befund gestützt, daß die Reaktionsordnung in beiden Fällen eindeutig eins ist.

Bei hohen Walzgraden wird durch die große Versetzungsdichte sowohl die Entfernung der Frenkel-Partner verkleinert sein als auch ein Großteil der Versetzungsblockierung schon während der Bestrahlung stattgefunden haben, so daß für die geringe Anzahl der freien Zwischengitteratome auch eine relativ große Wahrscheinlichkeit für Rekombination besteht, d. h. man kann verstehen, daß in diesem Fall praktisch keine Änderung mehr auftritt. Bei 98%ig verformtem Material macht sich im Bereich des Minimums in Abb. 3 die entfestigende Wirkung der Phononen bemerkbar, so daß für die frei beweglichen Zwischengitteratome die Möglichkeit besteht, während der Lagerung verfestigend wirken zu können. Nach langen Bestrahlungszeiten wird die Leerstellendichte aus den oben beschriebenen Gründen ansteigen; neben den freien Zwischengitteratomen werden wahrscheinlich auch die in niedrigen Traps sitzenden eine merkliche Rekombinationswahrscheinlichkeit erhalten. Auf diese Weise läßt sich die gefundene Härteabnahme deuten.

Bei isochroner Anlaßbehandlung findet man in Stufe I die Fortsetzung des Prozesses der Raumtemperaturlagerung (nach α-Bestrahlung Anstieg, nach β-Bestrahlung Abfall der Härte). Die Annahme, daß der Anstieg durch He-Diffusion verursacht sei, wird durch das gleichartige Auftreten nach Neutronenbestrahlung ausgeschlossen. Die Aktivierungsenergie von 0,07 eV müßte daher der Zwischengitteratomwanderung zugeschrieben werden.

Bei erhöhter Temperatur steigt die Wahrscheinlichkeit, daß die an Versetzungen und Frank-Read-Quellen sitzenden Zwischengitteratome ihre Traps verlassen und mit Leerstellen rekombinieren bzw. weiter zu Korngrenzen wandern, an denen sie sich anlagern und keinen Beitrag zur Härte liefern. Die Loslösung aus verschiedenen Traps läßt keine einheitliche Aktivierungsenergie erwarten, der erhaltene Wert von 0,23 eV wird daher nur einen Mittelwert darstellen. Gestützt wird diese Annahme durch die nach Neutronenbestrahlung festgestellte Aufspaltung der Stufe II mit verschiedenen Aktivierungsenergien, deren Mittel mit dem nach α- und β-Bestrahlung erhaltenen Wert übereinstimmt. Stufe III kann schließlich durch Leerstellenwanderung erklärt werden. Die Aktivierungsenergie von 0,45 eV ist in gutem Einklang mit den Werten, die in der Literatur angegeben werden [15], [16], [17].

Bei α- und β-Bestrahlung führt Stufe III zum Wert der unbestrahlten Probe zurück. Nach Erholversuchen neutronenbestrahlter Proben bleibt ein Restwert, der vermutlich darauf zurückzuführen ist, daß durch die geringe Fehlstellendichte (relativ zur α-Bestrahlung) die Bildung von Zwischengitteratomansammlungen möglich wird, aus denen Versetzungsschleifen entstehen könnten, die bis zum Einsetzen der Selbstdiffusion stabil sind.

Bei Erholversuchen nach Bestrahlung Leerstellenangereicherter Proben kann vermutet werden, daß in Stufe I die Blockierungswirkung und die Rekombination sich gerade kompensieren. Daher erscheint die Unterdrückung der Stufe I verständlich.

Aus der Deutung der Vorgänge bei der isochronen Anlaßbehandlung läßt sich der Verlauf der Isothermen einfach ableiten: Für niedrige Temperaturen ist zuerst der Prozeß aus Stufe I maßgebend, mit der Zeit machen sich aber auch die Prozesse aus Stufe II bemerkbar, so daß ein Maximum durchschritten wird. Erst bei höheren Temperaturen wird die Wahrscheinlichkeit der Leerstellenwanderung genügend groß um in Erscheinung zu treten, die Endwerte liegen dann tiefer als die Ausgangswerte am Beginn der Erholung. Der anfängliche Anstieg muß bei höheren Temperaturen immer steiler sein, da die schon bei Raumtemperatur wahrscheinliche Wanderung der Zwischengitteratome durch Temperaturerhöhung beschleunigt wird.

Schwieriger erscheint die Deutung der unterbrochenen α-Bestrahlung. Der Unterschied zur durchlaufenden Bestrahlung besteht darin, daß ohne eingeschobene Raumtemperaturlagerung die Zwischengitteratome mit großer Wahrscheinlichkeit mit den ständig neu erzeugten Leerstellen rekombinieren (Bestrahlungserholung), der Rest wird dann bei Lagerung zu einem Härteanstieg führen; während bei der intermittierenden α-Bestrahlung in der Pause nach Bestrahlungszeiten, die noch vor dem ausgeprägten Sättigungsbereich liegen, die Zwischengitteratome die Verfestigung fortsetzen können, so daß schon bei relativ geringen Dosen der Maximalwert der Härte erreicht wird. Die dadurch gesteigerte Leerstellendichte scheint einen weiteren Anstieg der Härte bei den folgenden Bestrahlungs-Lagerungs-Wechseln zu verhindern. Wahrscheinlich können sogar einige Zwischengitteratome aus niedrigen Traps rekombinieren, so daß die Härte absinkt, bis ein stabiler Endwert erreicht wird. Dieser Endwert beruht vermutlich auf einem Gleichgewicht der Anlagerungs- und Rekombinationsprozesse und der möglichen Bildung von Fehlstellenagglomeraten; er dürfte danach nur von der Versetzungsdichte der Ausgangsprobe und dem Teilchenfluß abhängen. Da das kurzzeitige Anlassen bei 60° C nach Ausweis der Isothermen (Abb. 8) denselben Effekt wie tagelanges Lagern bei Raumtemperatur zeigt, ergibt sich bei einer derartigen Behandlung in den Bestrahlungspausen ein gleichartiges Verhalten wie oben.

Die unterbrochene Bestrahlung bei hohen Walzgraden liefert Kurven, die aus der Dosisabhängigkeit und dem Lagerungsverhalten plausibel erscheinen.

Zusammenfassung

Mit Hilfe der Mikrohärte als Untersuchungsmethode konnte gezeigt werden, daß eine Bestrahlungsbeeinflussung bei Raumtemperatur vorliegt. Die Methode gestattete, den Verlauf der Strahlungswirkung ins Innere der Probe zu verfolgen; damit konnte die bereits früher bei Kriechversuchen festgestellte Entfestigung durch β-Bestrahlung [3] bestätigt werden. Die Dosisabhängigkeit des Verfestigungseffektes nach α-Bestrahlung wurde bei verschiedenen Walzgraden des Ausgangsmaterials untersucht, wobei die in [3] geforderte Möglichkeit einer Entfestigung durch schwere geladene Teilchen tatsächlich aufgefunden wurde. Aus den Messungen bei isothermer und isochroner Anlaßbehandlung konnten Daten über die verlaufenden Prozesse erhalten werden. Der Vergleich solcher Messungen nach α-, β- und Neutronenbestrahlung erlaubte Schlüsse über die Erholmechanismen. Im Anschluß an die Versuchsergebnisse wurde versucht, die Effekte durch modellmäßige Vorstellungen zu verstehen.

Herrn Prof. DDr. Erich Schmid danke ich für die Ermöglichung der Arbeit in seinem Institut. Zu besonderem Dank bin ich Herrn Prof. Dr. Karl Lintner für die Stellung des Themas und die Betreuung der Arbeit durch zahlreiche Ratschläge und Diskussionen verpflichtet.

Literaturverzeichnis

[1] Schmid, E. und K. Lintner: Sitzungsberichte der Österr. Akademie der Wissensch., math.-nat. Klasse **163** (1954) 109.

[2] Nell, M.: Dissertation Wien 1961.

[3] Berninger, E., S. Ch. Maeng, K. Lintner, E. Schmid: Atompraxis **9** (1962) 336.

– und E. Berninger: Dissertation Wien 1962.
– und S. Ch. Maeng: Dissertation Wien 1962.

[4] Schreiner, I. und K. Lintner: Acta phys. Austriaca **18** (1964) 292.

[5] Bethe, H. A. und M. S. Livingstone: Rev. mod. Physics **9** (1937) 246.

[6] Landolt - Börnstein: Zahlenwerte und Funktionen aus Chemie, Physik, Astronomie, Geophysik, Technik **I**/5 (1955) 315.

[7] Lintner, K. und E. Schmid: Werkstoffe des Reaktorbaues 1962.

[8] Billington, D. S. und J. H. Crawford: Radiation Damage in Solids 1961.

[9] Sosin, A. und R. H. Rachal: Phys. Rev. **130** (1963) 2238.

[10] Schreiner, I.: Dissertation Wien.

[11] Diehl, J.: Tagungsberichte Stuttgart 1963.

[12] Blewitt, T. H. und R. R. Coltman: Journ. of Nucl. Mat. **2**/**4** (1960) 277.

[13] Seeger, A.: Symposion on Radiation Damage in Solids and Reactor Materials 1962.

[14] Seitz, F. und J. S. Köhler: Solid State Physics **2** (1956) 305.

[15] Bradshaw, F. J. und S. Pearson: Phil. Mag. **VIII**/2 (1957) 570.

[16] Panseri, C. und T. Federighi: Phil. Mag. **VIII**/3 (1958) 1223.

[17] De Sorbo, W. und D. Turnbull: Acta Met. **7** (1959) 83.

Hawliczek F.: Über die Verwendung des Elektrokardiographen als Registriergerät in der Radiokardiographie (mit 3 Abbildungen), MIR Nr. 486, 4 Seiten. S 4.—

Hießberger F. und Karlik Berta: Weitere Untersuchungen über das Astatisotop 218 (mit 7 Abbildungen), MIR Nr. 487, 13 Seiten. S 8.30

Lang K.: Die spektrale Energieverteilung einer Neonlinie bei verschiedenen Entladungsbedingungen (mit 7 Abbildungen) 22 Seiten. S 13.80

Schneider W. und Matitsch T.: Eine photographische Methode zur quantitativen Bestimmung von Actinium (mit 3 Abbildungen), MIR Nr. 488, 19 Seiten. S 6.30

Tungl E.: Anschluß von Stäben mit ⊏-Querschnitt (mit 3 Abbildungen), 9 Seiten. S 10.60

Wänke H.: Ein elektronisch-optisches Verfahren zur Aufzeichnung der Amplitudenverteilung elektrischer Impulse (mit 16 Abbildungen), MIR Nr. 489 22 Seiten. S 13.50

Weinzierl P.: Herstellung linearer Ra*DE*-Präparate aus hochgereinigter Radiumemanation (mit 2 Abbildungen), MIR Nr. 493, 12 Seiten. S 9.—

1953 (S II a, Bd. 162):

Blöch R.: Die Bildung von Oberflächenkristallen auf Alkalihalogeniden, Fluorit und Kalzit bei Bestrahlung mit Polonium (mit 4 Abbildungen), MIR Nr. 494. S 8.20

Drexler O.: Die Farbzentrenausbeute in Steinsalz für β-Strahlen mittlerer Energie (mit 8 Abbildungen), MIR Nr. 498. S 12.—

Herglotz H.: Zur sekundären Erregung des Chrom-$K\alpha_2$-Satelliten (mit 11 Abbildungen) S 12.80

Pohl E.: Ein neues Emanometer für Präzisionsmessungen mit vielseitiger Verwendungsmöglichkeit (mit 5 Abbildungen). Mitteilung aus dem Forschungsinstitut Gastein Nr. 88. S 12.40

Przibram K.: Über die Farb-Bänderung des Fluorits (mit 3 Abbildungen), MIR Nr. 497. S 10.90

Tomiser J.: Analyse von Sulfonamidgemischen mit Hilfe des Ramaneffektes (mit 9 Abbildungen). S 14.60

Tomiser J.: Ramanspektren von Sulfonamiden (mit 21 Abbildungen). S 47.20

Treitl K.: Über die Verfärbung von NaCl, KCl und CaF_2 mit Kathodenstrahlen (mit 8 Abbildungen), MIR Nr. 500. S 8.90

1954 (S II, Bd. 163):

Glaser W.: Licht und Materie in einheitlicher Deutung. S 52.—

Pohl E. und Pohl Rüling Johanna: Radioaktive Luftmessungen im Raum von Badgastein und Böckstein (mit 4 Abbildungen). S 14.80

Pohl-Rüling Johanna: Über die Durchlässigkeit von Gummi und Plastikstoffen für Radium-Emmanation (mit 1 Abbildung). S 4.—

Pohl-Rüling Johanna und Pohl E.: Neue Bestimmungen des Radium- und Radongehaltes einiger Austritte der Gasteiner Therme. S 5.—

Przibram K.: Über die Verteilung von Farbzentren und anderen Störungen in natürlichen Steinsalzkristallen (mit 5 Abbildungen) MIR Nr. 503. S 6.60

Schmid E. und Lintner K.: Über die Bedeutung eines Bombardements mit Korpuskularstrahlen für die Plastizität von Metallkristallen (mit 5 Abbildungen). S 12.—

1955 (S II, Bd. 164):

Blaha F.: Einige Wachstumsformen von Cd-Kristallen (mit 10 Abbildungen). S 9.—

Hawliczek F: Stabilisierte Impulshochspannungsgeneratoren zum Betrieb von Geiger-Müller-Zählern und Szintillationszählern (mit 7 Abbildungen), MIR Nr. 508. S 13.40

Koller K.: Der Atomkern als Elektronenkristall (mit 2 Abbildungen). S 18.—

Koller K.: Der Atomkern als Elektronenkristall, II. Mitteilung (mit 3 Abbildungen). S 10.—

Matiasek Christine: Untersuchungen des Spektrums der Konversionselektronen von Actinium X mit der photographischen Methode (mit 3 Abbildungen), MIR Nr. 511. S 7.90

Matitsch T.: Weitere Versuche zur Entschleierung von β-empfindlichen Emulsionen, MIR Nr. 513. S 4.90

Polak A.: Messungen der elektrischen Leitfähigkeit der Luft in Badgastein. S 16.70

Schedling J. A. und Wein J.: Differentialthermoanalytische Untersuchungen an $CaSO_4 . 2 H_2O$ und seinen durch Entwässerung entstehenden Folgeprodukten (mit 6 Abbildungen). S 13.—

Tisljar-Lentulis G. und Weinzierl P.: Über eine Methode zur Messung extremer Intensitätsrelationen zwischen positiven und negativen Elektronen (mit 5 Abbildungen), MIR Nr. 510. S 11.—

GPSR Compliance
The European Union's (EU) General Product Safety Regulation (GPSR) is a set of rules that requires consumer products to be safe and our obligations to ensure this.

If you have any concerns about our products, you can contact us on

ProductSafety@springernature.com

In case Publisher is established outside the EU, the EU authorized representative is:

Springer Nature Customer Service Center GmbH
Europaplatz 3
69115 Heidelberg, Germany

www.ingramcontent.com/pod-product-compliance
Ingram Content Group UK Ltd.
Pitfield, Milton Keynes, MK11 3LW, UK
UKHW021931190726
13853UKWH00002B/978
9783662228326